I0070982

T6 48
6g

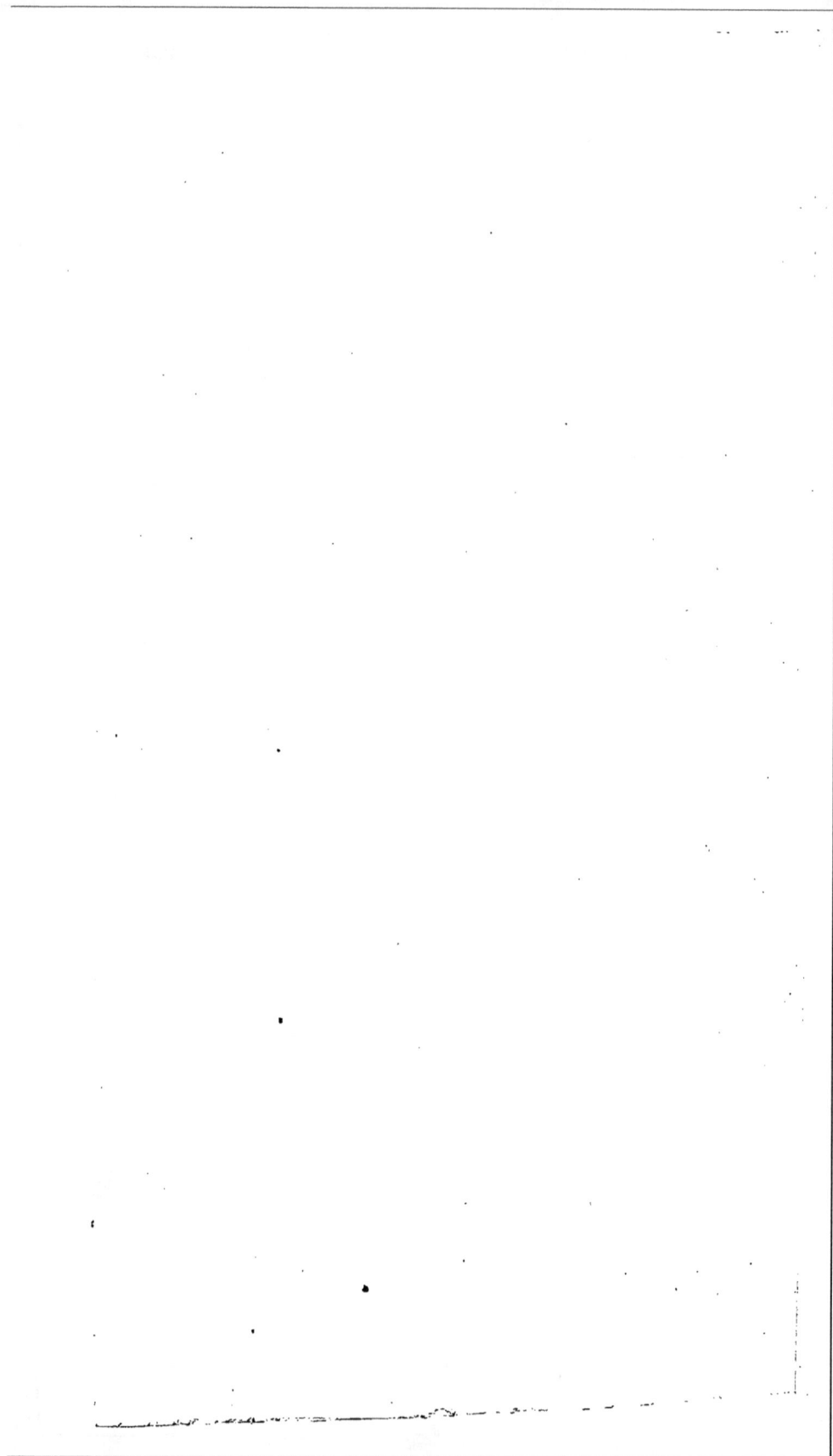

DÉPÔT LÉGAL
BASSES-PYRÉNÉES
9L. 69
1899

T 48
69

DESCRIPTION SOMMAIRE

DU

MÉCANISME PHYSIOLOGIQUE

AU

SERVICE DE L'AME HUMAINE

PAR

Le Docteur Henri VÉDIE

PRIX : **1** franc.

PAU

IMPRIMERIE-STÉRÉOTYPIE GARET, RUE DES CORDELIERS, 11

J. EMPÉRAUGER, IMPRIMEUR

—

1899

La reproduction de la présente brochure est interdite. Toutefois les critiques scientifiques peuvent en publier des extraits dans les journaux et feuilletons scientifiques ou même littéraires.

DESCRIPTION SOMMAIRE

DU

MÉCANISME PHYSIOLOGIQUE

AU

SERVICE DE L'AME HUMAINE

PAR

Le Docteur Henri VÉDIE

PRIX : **1** franc.

La reproduction de la présente brochure est interdite. Toutefois les critiques scientifiques peuvent en publier des extraits dans les journaux et feuilletons scientifiques ou même littéraires.

IMPRIMÉS DU MÊME AUTEUR :

— 1 —

ESSAI SUR L'ACTION DES CAUSES MORALES. — *Thèse de doctorat.* — 26 Juillet 1872.

— 2 —

INFLUENCE DES CAUSES MORALES SUR L'ÉCONOMIE ET EN PARTICULIER SUR LE SYSTÈME NERVEUX. (Explication des guérisons miraculeuses.) — Extrait des *Annales médico-psychologiques* — Janvier 1874.

— 3 —

NOUVELLE THÉORIE DU PLAISIR ET DE LA DOULEUR, FONDÉE SUR LA PHYSIOLOGIE. (Aperçu nouveau sur la fièvre.) — *Revue Scientifique de la France et de l'Étranger* (n° 30) — 24 Janvier 1874.

— 4 —

TABLEAU DES COURANTS NERVEUX DE LA SUBSTANCE GRISE OU TABLEAU N° I. (Ces courants sont assimilés à des courants télégraphiques et divisés en trois groupes.)

— 5 —

TABLEAU N° 2, EXPOSANT LES FONCTIONS IMMÉDIATE ET MÉDIATE DE LA SUBSTANCE BLANCHE.

— 6 —

LETTRE OUVERTE A MM. LES MEMBRES DE L'INSTITUT DE FRANCE. (Définitions scientifiques. — Gravitation universelle. — La vie. — Le libre arbitre.)

Suivie de trois annexes :

1° UNE THÉORIE DU PLAISIR ET DE LA DOULEUR ;
2° LA DÉCOUVERTE DES COURANTS NERVEUX ;
3° UNE ADDITION AU LIBRE ARBITRE. (Août 1897).

— 7 —

CLASSIFICATION DES FORMES DE L'ALIÉNATION MENTALE.

*A l'Université de France, à l'École médicale
de Rouen, à la Faculté de Médecine de
Paris et aux Médecins aliénistes de tous
pays.*

MESSIEURS,

*Je dédie ce travail à la mémoire de tous mes
anciens maîtres (indiqués ci-dessus), et à celle de
mon père qui fut un de mes meilleurs professeurs.
C'est leur science précise et profonde qui m'a permis
de trouver enfin la clef de toutes les opérations de
l'âme humaine.*

*Toutefois ma théorie des courants nerveux n'est
que descriptive, et n'entre pas dans le détail des
fonctions spéciales auxquelles ces courants prennent
part.*

*La science des agents impondérables a encore de
grands progrès à faire en physique et en chimie
avant de pouvoir analyser tous les ressorts des
centres nerveux. Pour un tel progrès, la mécanique
ordinaire de la matière solide, liquide et gazeuse
est absolument insuffisante, et les physiologistes
devront tôt ou tard approfondir la dynamique des
éléments impondérables dont l'aiguille aimantée et
l'électro-magnétisme sont des spécimens tout à fait
dignes d'attention, pour ne citer que ces deux-là...*

Pau, 14 Septembre 1899.

DOCTEUR HENRI VÉDIE,
10, rue Marca.

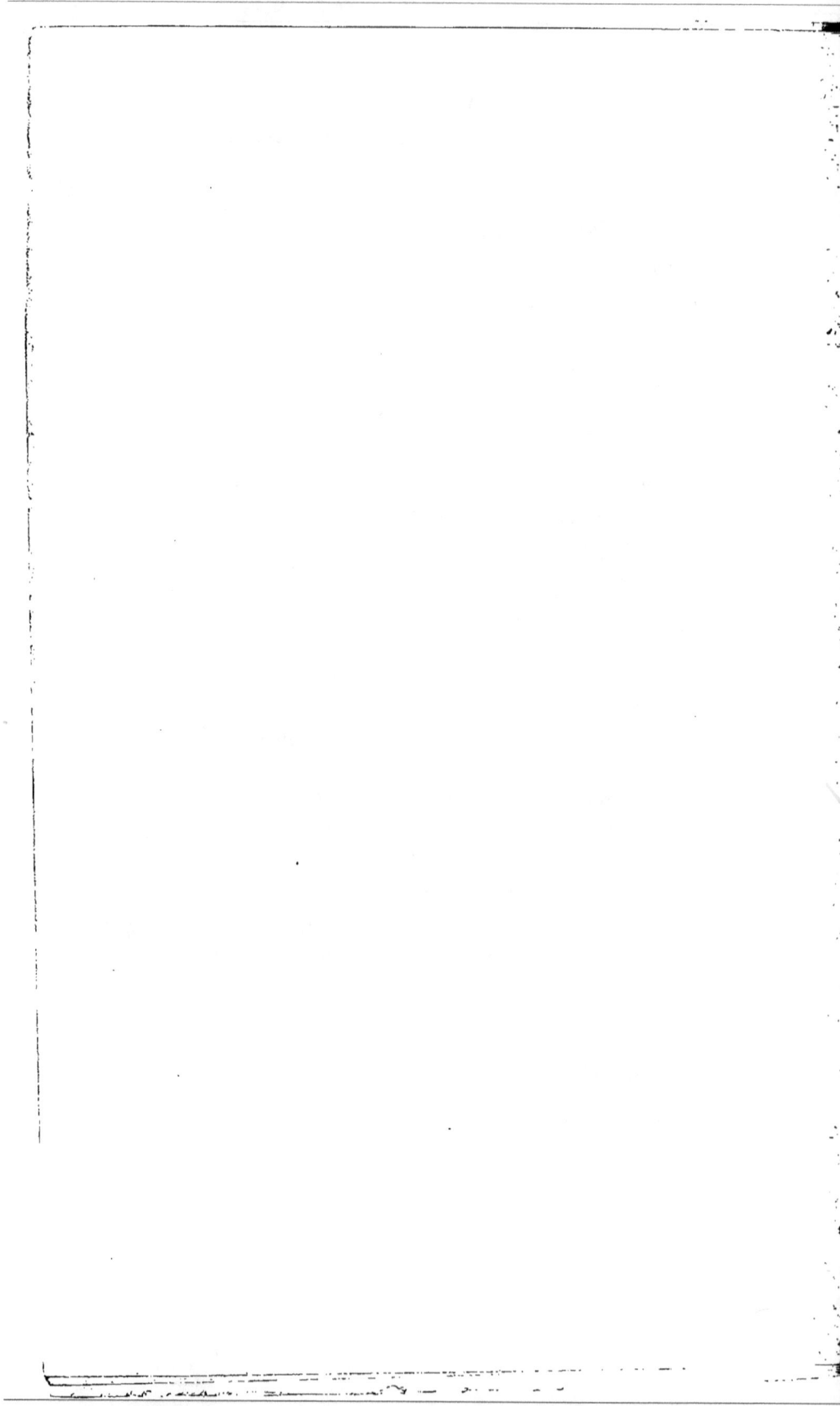

EXPOSÉ

———

Auxiliaires de la nutrition, la circulation sanguine et la circulation nerveuse sont la synthèse de la vie cellulaire. Elles entrent dans tous les organes et prennent part à toutes les fonctions, *sans se confondre avec aucune.* En 1897, j'ai étudié la circulation nerveuse dans les nerfs. Aujourd'hui, je vais la suivre dans la moëlle et l'encéphale.

Il y a quatre espèces de courants nerveux qui sont, par ordre de succession habituelle :

Les courants inducteurs ou sensations ;

Les courants induits ou émotifs ;

Les courants dynamiques ou moteurs ;

Et les courants de coordination.

Quatre appareils distincts correspondent à ces courants qui, en les traversant, éveillent les fonctions spéciales de la vie de relation. Ce sont : l'appareil inducteur, l'appareil d'induction émotive ou multiplicateur, l'appareil contracteur et l'appareil coordinateur. D'une manière générale les courants inducteurs ou sensations vont de la multiplicité vers l'unification dans le premier appareil, puis suivent un ordre inverse dans le multiplicateur où ils changent de nature et leur dispersion devient définitive dans l'appareil contracteur qui les distribue dans tous les muscles sous une troisième forme, la forme dynamique. L'ensemble est réglé par l'appareil coordinateur. Comme dans toutes les machines à effets multiplicateurs, un courant inducteur *insignifiant* (comme un geste provocateur, un mot insultant) peut produire des effets *d'une intensité inouïe* en passant dans les autres appareils.

Les vaisseaux sanguins sont, d'ailleurs, disposés pour favoriser instantanément cette gradation dynamique (pie-mère intérieure et extérieure).

— 1° —

L'Appareil inducteur.

Il se compose de tous les neurônes sensitifs[1] et sensoriels depuis leur origine dans la peau, les muqueuses et autres organes extérieurs des sens, jusqu'à leur épanouissement à la base du cerveau dans les organes qui forment le plancher et les parois inférieures de tous les ventricules, notamment les corps opto-striés et les tubercules quadrijumeaux.

Dans la moëlle les neurônes sensitifs s'échelonnent à diverses hauteurs et forment un double clavier sensitif en rapport avec des neurônes moteurs pour les actes réflexes de la moëlle. Mais les réflexes les plus importants, tels que la respiration, la déglutition, etc., etc., ont lieu plus haut, depuis le collet du bulbe jusqu'aux nerfs olfactifs. C'est dire que les neurônes moteurs qui les produisent sont intimement mélangés avec l'épanouissement des nombreux faisceaux de neurônes sensitifs et sensoriels. Ce fouillis inextricable forme un labyrinthe sensitif et moteur qui fait le désespoir des anatomistes.

Aussi l'appareil inducteur est d'une délimitation beaucoup plus difficile que les autres appareils, surtout aux endroits où il s'unit à eux.

Pour l'isoler tant bien que mal, il faut enlever toute l'écorce cérébrale et le centre ovale de Vieussens. Ce

---

1. — A l'exception des pédoncules cérébelleux inférieurs.

qui reste est la partie principale de l'appareil inducteur, et c'est là, dans le plancher des ventricules, que
se fait l'enregistrement des sensations, base de la
perception, de la mémoire, de l'imagination physique,
et par conséquent de toutes les opérations volontaires
et involontaires de l'esprit [1].

— 2° —

L'Appareil d'induction ou multiplicateur.

Il se compose du centre ovale de Vieussens, sauf
la couronne rayonnante. Il est pour ainsi dire posé
sur l'appareil inducteur comme une coiffure, et lui
est relié solidement par les fibres thalamo-corticales
et par la voûte à trois piliers, dépendance du corps
calleux.

Par les thalamo-corticales, les courants inducteurs
agissent sur chaque hémisphère *séparément ;* par la
voûte et le corps calleux, ils exercent *une action
synergique* sur les deux hémisphères en même temps.
La voûte à trois piliers, située au centre même de
l'appareil inducteur, fait songer involontairement au
trembleur, au résonnateur, à l'avertisseur des appareils électriques. Elle est en plein dans l'atmosphère
nerveuse des ventricules.

Que les courants inducteurs proviennent des sensibilités générales ou spéciales, l'essentiel est de bien
comprendre qu'ils sont *dénaturés* complètement en
passant dans le multiplicateur où ils deviennent *tous
émotifs.* Les vivisections démontrent, en effet, que le

---

1. — S'il ne paraît pas y avoir de carrefour sensitif ou sensoriel,
il y a évidemment des carrefours réflexes et même réfléchis,
c'est-à-dire que les mêmes nerfs moteurs peuvent entrer en
action pour des sensations différentes ; ex : les jeux de physiono-
mie, les cris, etc., etc.

centre ovale est insensible et qu'il sert d'intermédiaire entre l'appareil inducteur et le contracteur avec lequel il ne fait qu'un, malgré la différence de coloration, le centre ovale étant *blanc* et le contracteur *gris*.

— 3° —

L'Appareil moteur ou dynamique ou contracteur.

Il est formé par l'écorce cérébrale des deux hémisphères et se compose par conséquent de deux claviers contracteurs agissant ensemble ou séparément. Il préside à tous les mouvements volontaires et réfléchis avec le concours de l'appareil suivant; *il n'entre en fonction que sous l'influence et l'action directe des courants émotifs qui agissent tantôt sur un seul clavier, et tantôt sur les deux à la fois.* Quand ils agissent sur un seul clavier, ils viennent ordinairement d'une des sensibilités générales, surtout la sensibilité cutanée. Quand ils agissent sur les deux claviers à la fois, ils viennent ordinairement des sens spéciaux ; mais il n'y a pas de règle absolue.

— 4° —

L'Appareil coordonnateur (ou coordinateur).

C'est le cervelet, aidé de la protubérance annulaire. A cheval sur les transmissions centripètes et centrifuges, cet organe les précise[1], les augmente ou les atténue, au point même de les enrayer (inhibition). Il est une sorte de continuation et de *terminaison définitive de l'appareil inducteur.* Par ses pédoncules supérieurs, il sent automatiquement tout ce qui se

---

1. — Le cervelet est l'organe de l'attention volontaire, qu'il ne faut pas confondre avec la tension involontaire des autres appareils.

passe dans le cerveau, par ses inférieurs, tout ce qui se passe dans la moelle ; et par les moyens, il réagit d'une façon très simple, en portant sa puissance dynamique de droite à gauche ou de gauche à droite suivant les besoins immédiats et instantanés des transmissions centripètes et centrifuges. Aussi est-il avec la protubérance le principal organe de l'équilibre instinctif dans la marche, la station debout, la natation, etc.

Il est à la circulation nerveuse, ce que le cœur est à la circulation sanguine (en tenant compte de la différence énorme des deux circulations). Comme le cœur, il se fatigue peu parce que son énergie passe constamment de droite à gauche ou de gauche à droite en ne perdant dans la protubérance qu'un minimum de force nerveuse. Ses pédoncules supérieurs, et inférieurs, en s'unissant, forment son appareil inducteur particulier : l'arbre de vie constitue son appareil multiplicateur, et sa substance grise, son clavier moteur.

Ses corps rhomboïdes jouent un rôle manifeste dans l'instinct des ingesta solides et liquides (aliments), comme les olives et le quatrième ventricule, dans l'instinct des ingesta gazeux (respiration). Les autres instincts de sécrétion et d'excrétion paraissent se réclamer des centres médullaires et sympathiques (sauf en ce qui concerne le concours de la conscience et de la volonté), et les penchants ou instincts supérieurs, curiosité, imitation[1], expression, etc., etc., du cerveau lui-même.

---

1. — Chez l'enfant, l'harmonie réciproque des courants d'affection, surtout d'amour maternel, font naître le besoin d'imitation qui engendre à son tour les autres penchants. Or l'imitation paraît dépendre principalement de la vue, de l'ouïe et du noyau externe du corps strié, situé au milieu des neurônes moteurs (volontaires).

— 5° —

Fonctionnement général des quatre Appareils.

Toute sensation est positive ou négative, c'est-à-dire agréable ou pénible, et donne lieu chez l'enfant à une attraction ou une répulsion immédiate. Aussi est-ce dans l'enfance qu'il vaut mieux étudier les courants nerveux, parce que chez l'adulte le développement du langage articulé rend cette étude beaucoup plus compliquée. Toutefois on peut supprimer cette difficulté si on se pénètre de cette vérité : que toute phrase parlée, écrite ou pensée a toujours *un but positif ou négatif, l'admission ou le rejet* d'un désir ou d'une aversion, etc., par rapport aux données des sens internes et externes, ou même de la raison, de telle sorte que l'adulte, grâce au langage, peut remplacer ses déterminations instinctives de l'enfance par des résolutions réfléchies, préméditées et parlées mentalement, que sa volonté libre mettra à exécution au moment opportun. Étudions rapidement le langage articulé.

— 6° —

Le Langage.

Le penchant à l'expression [1] est la cause principale du développement excessif de l'encéphale humain ; et la raison en est bien simple ; tous les éléments

---

1. — Sans notre penchant à l'expression, l'encéphale humain serait à peine aussi développé que celui du singe (des espèces supérieures), car cet animal a des sens et des mouvements plus puissants, plus agiles et plus vifs que les nôtres. Mais le langage compense, et bien au-delà, notre infériorité physique.

nerveux sans aucune exception, sont appelés à concou-
rir à l'expression en lui fournissant des perceptions
des souvenirs, des associations d'idées, des émotions,
des déterminations, etc., etc. Naturellement le langage
articulé joue le principal rôle parmi les différents
modes d'expression. Il est *phonateur, écrit* ou *mental.*
Ce dernier est le plus intéressant *parce qu'il est le
plus fréquent.* Aucun jugement, aucune réflexion ne
peuvent se passer de lui. Il ne diffère des autres
langages que parce qu'il ne dépasse guère les claviers
moteurs, et ne donne lieu à aucune manifestation
musculaire, sauf par exception. Et comme ce que j'ai
à en dire s'applique aux autres formes, c'est celui dont
je m'occuperai plus spécialement.

Le langage mental articulé exige des courants de
très haute fréquence et en nombre considérable. Il
constitue la fonction que l'on appelle « se parler à
soi-même », « méditer », « réfléchir », et a besoin du
libre arbitre et de la raison autant que de la conscience. Les quatre appareils fonctionnent, à cause
de lui, presque constamment, soit pour apprécier des
sensations actuelles, soit pour éveiller des souvenirs
et faire des comparaisons. C'est un circuit incessant
de courants inducteurs, émotifs, moteurs et coordon-
nateurs s'arrêtant sur les lèvres, et parfois même
donnant lieu à des sons exclamatifs, ou des gestes,
malgré la volonté d'un sujet préoccupé. Et lorsque le
circuit a été parcouru entièrement, les courants recom-
mencent à nouveau et sur de nouveaux frais d'énergie,
*en partant toujours de la sensation, du souvenir, de
la comparaison que l'on cherche et que l'on veut
approfondir.* Ce travail extrêmement fatigant ne
finit que par lassitude ou par la découverte de la

solution cherchée. Gardée dans la mémoire *sous forme d'une phrase mentale,* cette solution se traduira tôt ou tard par des paroles, des écrits, ou des actes musculaires variés (comprenant toutes les professions depuis les plus humbles jusqu'aux plus élevées, comme les beaux-arts, la poésie, la religion, la science, etc.).

Maintenant si l'on veut décompter le nombre des courants nécessaires pour une phrase très simple, on arrive à des résultats stupéfiants. Je suppose qu'on me demande : « Avez-vous faim ? » et que je réponde « oui ou non ». Les quatre syllabes interrogatoires sont pour moi autant de courants auditifs frappant mon tympan, et comme ils m'arrivent par les deux oreilles, cela fait déjà *huit* courants acoustiques. Pour le monosyllabe (ma réponse), c'est bien pis. D'abord, un double courant émotif allant de l'appareil inducteur aux troisièmes circonvolutions frontales droite et gauche, un troisième courant synergique unissant les deux hémisphères à travers le corps calleux pour la prononciation de « oui » ou « non », deux courants moteurs *très complexes* animant les muscles du langage phonateur, deux courants de retour du sens musculaire pour fermer le circuit moteur[1]. Enfin si le monosyllabe n'expire pas sur mes lèvres, si je le prononce à haute et intelligible voix, mon propre son frappe à son tour mes deux oreilles, soit deux courants auditifs nouveaux à ajouter aux précédents.

---

[1]. — Ce circuit revient-il au cerveau ou gagne-t-il les gros et petits ganglions du grand sympathique par les tendons musculaires, le périoste et ses filets sympathiques ? Les anatomistes sont en tel désaccord sur les neurones centripètes de la sensibilité musculaire, qu'on peut leur demander si ces neurones existent ou si le circuit moteur n'est pas fermé autrement ?....

Pour peu que j'aie mal prononcé « oui ou non », le cervelet rectifie immédiatement, ce qui augmente encore notre chiffre de deux courants cérébelleux centripètes et d'un courant cérébelleux centrifuge ou moteur.

Bref, la moindre conversation, la moindre improvisation, un thème, une version, une narration, une lettre, un rapport, etc., etc., exigent des milliers et des milliers de courants de très haute fréquence et d'une grande précision. C'est ce qui explique la fatigue résultant du langage, même quand on parle, pense, ou écrit pour ne rien dire.

— 7° —

Résumé.

Si l'on a bien compris tout ce qui précède, on possédera la clef du mécanisme élémentaire au service de l'âme. Les courants inducteurs *s'inscrivent* dans l'épanouissement de l'appareil inducteur *sans se confondre ni se couper*[1]. Cette partie du cerveau s'innerve comme un mur ou un plancher s'échauffent au passage de plusieurs cheminées ou tuyaux de calorifère. Il se forme des maximums et des minimums de tension positive ou négative qui sont le point de départ des émotions ou courants multiplicateurs également positifs ou négatifs, lesquels donnent lieu enfin à des actes ou des résolutions d'attraction ou de répulsion (après interrogation du libre arbitre

---

1. — L'admirable télégraphe de M. Baudot qui transmet 5 ou 6 dépêches à la fois par un seul fil ouvre, par analogie, un nouvel horizon à la physiologie nerveuse.

et de la raison pour les gens qui raisonnent leurs déterminations volontaires, ce qui est le cas le plus habituel). Un cliché photographique pourrait servir de schéma, de type pour représenter les maximums et minimums de la tension nerveuse des sensations complexes. En effet il présente des points très éclairés et d'autres moins, des points très noirs et d'autres moins noirs. Entre ces maximums et ces minimums lumineux ou obscurs, il y a toute une gamme ascendante et descendante, exactement comme dans les sensations attractives ou répulsives.

Le volume considérable de l'encéphale humain porte principalement sur l'accroissement des 2me et 3me appareils, le multiplicateur et les deux claviers moteurs (centre ovale de Vieussens et écorce cérébrale). C'est tout naturel, puisque le langage mental exige de ces deux appareils des efforts énormes, constants et soutenus. Pour le langage phonétique bien prononcé, et le langage écrit bien lisible, la précision paraît dépendre surtout du cervelet, à condition, bien entendu, que l'appareil musculaire soit lui-même sain et dispos.

J'ai mis trente ans à trouver la théorie de la circulation nerveuse dans les nerfs et les centres nerveux. Dans une seule journée le lecteur attentif pourra en contrôler l'exactitude en observant les effets de l'ivresse lente et graduelle chez un sujet sobre qui s'enivre pour la première fois et par petites rasades.

Ce genre d'ivresse équivaut, en effet, *à une expérimentation voulue et préméditée, faisant fonctionner avec exagération les quatre espèces de courants nerveux,* exactement comme un oculiste étudie les mouvements de la pupille avec des instillations d'ésérine

ou d'atropine. Gaieté ou tristesse exagérées et ver-
beuses, expansion communicative ou concentration
farouche avec paroles soit attendries soit désespérées,
gestes désordonnés avec langage d'affection ou de
haine, enfin titubation et incohérence du discours,
suivies de côma avec extension de l'empoisonnement
alcoolique au grand sympathique lui-même, tels sont
les quatre stades de l'ivresse lente et graduelle. Tel
est aussi l'enchaînement des exagérations fonction-
nelles des quatre appareils principaux de l'encéphale,
terminées par un sommeil d'épuisement nerveux, et
parfois, par le *delirium tremens*.

Pour achever ce travail, apprécions le rôle de l'*âme*
au point de vue strictement biologique et nerveux.

Par son côté *objectif*, l'âme humaine est, en effet, le
résumé physiologique de notre puissance vitale, et par
son côté *subjectif*, elle emploie de son mieux cette
puissance au service de sa lutte pour l'existence.
Elle caractérise les *penchants* élevés du *règne
humain,* comme *le fluide nerveux,* âme des bêtes,
caractérise les *instincts du règne animal,* comme *le
principe vital* caractérise *l'impressionnabilité* et *les
besoins des végétaux,* comme *la vibration moléculaire*
caractérise *les affinités du règne minéral.*

Que les savants étudient l'âme humaine comme
cause ou comme résultante, il est toujours certain,
évident que ses efforts persévérants assurent la prédo-
minence de l'être humain sur les autres êtres terrestres.
Mais tandis que le génie de l'homme multiplie ses
merveilles, la religion, la philosophie et l'histoire lui
apprennent la modestie en lui montrant les périls
constamment suspendus *sur* ou plutôt *dans* sa tête :
passions, folie, délires, imbécillité, erreurs, autant de

courants nerveux excessifs, déréglés, insuffisants ou mal interprétés, autant de fléaux pour notre royauté passagère !.... *Mens sana in corpore sano !...*

———

POST-SCRIPTUM

La découverte des neurônes par l'illustre Dʳ Ramon y Cajal n'a pas peu contribué à l'édification du système qu'on vient de lire. Quant à la théorie physiologique et pathologique, basée sur les mouvements amœboïdes des neurônes, je la trouve excellente et pleine d'avenir *en pathologie,* où elle explique merveilleusement la plupart des névroses; mais je fais les réserves les plus expresses *sur sa valeur physiologique.* Je crois, en effet, qu'en l'état de santé, il y a toujours assez de myéline pour empêcher tout contact entre les neurônes sensitifs et moteurs, et de plus, cette myéline joue dans la moëlle comme ailleurs son rôle d'appareil multiplicateur (rudimentaire dans la moëlle). Ce rôle est partout intermédiaire entre toute sensation et tout mouvement.

La sensibilité de la substance blanche de la moëlle constatée par Schiff me paraît tenir à sa disposition circulaire autour de l'axe gris, à sa faible épaisseur, *et surtout* à la pression des méninges rachidiennes, principalement de la pie-mère. La preuve, c'est que dans l'encéphale où elle est insensible d'habitude, la substance blanche peut devenir sensible à la suite d'une compression forte et très prolongée. Partout la substance blanche sépare les neurônes, sauf dans certaines maladies. Enfin dans les nerfs sensitifs et sensoriels, elle joue aussi son rôle multiplicateur par rapport aux impressions de la température, du plaisir et de la douleur, et c'est pour cette raison qu'on souffre ou jouit avant même que les cylindres-axes aient eu le temps de transmettre aux centres le contact des objets chauds, froids, agréables ou désagréables.

C'est elle aussi qui dans les nerfs moteurs affermit ou fait tremblotter la transmission motrice venant des claviers contracteurs et du cervelet. « Pourquoi trembles-tu dans ma main, dit Faust[1] à la coupe empoisonnée ? » Mais plus loin, la main de Faust ne tremble plus quand Satan lui verse l'élixir de vie, et avec un geste assuré, il l'avale d'un trait....

En un mot, la myéline ou substance blanche est partout l'organe multiplicateur, l'organe de l'*émotivité*.

En ce qui concerne les fonctions spéciales de relation auxquelles prend part la circulation nerveuse, sans se confondre avec aucune, on peut les ramener à cinq principales, subdivisées elles-mêmes :

Ce sont, par ordre de production : 1° la fonction des organes *extérieurs* des sens, comprenant les cinq sens et les sensations vitales[2] ; 2° l'enregistrement des sensations ayant pour corollaires leur réviviscence ou souvenir, et leur association, suivant leur origine, le temps, l'espace, leurs ressemblances, leurs différences, leurs concomittences quelconques ; 3° le raisonnement comprenant, grâce au langage articulé mental, toutes les opérations réfléchies de l'esprit, depuis le jugement le plus simple comme « je suis » jusqu'aux

---

1. — *Faust*, opéra.

2. — Toute sensation peut être considérée comme un courant vaso-moteur transformé.

abstractions et généralisations les plus élevées ; 4º la contraction musculaire, volontaire et réfléchie de tous les muscles du corps y compris ceux de la parole et de l'écriture ; 5º la satisfaction des penchants et des instincts réglée par la volonté et l'éducation, ou déréglée sans elles. Cette cinquième fonction de la vie de relation est la plus mystérieuse de toutes, attendu qu'elle résulte : 1º d'un conflit permanent entre les sensations internes et les externes ; 2º des affinités organiques, variables suivant les races, les individus, les sexes, l'âge et les professions ou habitudes. C'est du conflit entre l'être humain et son milieu que naissent les maximums et minimums de tension d'où découlent tous les courants multiplicateurs, et le fonctionnement de tout l'encéphale.

Pour diminuer la difficulté d'une pareille étude, le lecteur n'a qu'à s'observer lui-même ; il verra que nos plus simples sensations sont presque toujours complexes de la naissance à la mort, et en les étudiant une à une nous faisons, en somme, de pures abstractions. A chacun de nos instants, une quelconque de nos sensations simultanées, internes et externes, domine presque toujours les autres et c'est elle qui détermine, par conséquent, le maximum de tension que la volonté se charge immédiatement de favoriser ou d'entraver.

L'encéphale humain est un véritable dictionnaire illustré, en même temps qu'un phonographe perfectionné, une boîte à odeurs [1], à dégustations, etc.

Les appareils inducteur et multiplicateur se char-

---

1. — Au figuré, bien entendu, car la matière nerveuse ne conserve que des traces fluidiques des odeurs, saveurs, etc. (enregistrées et cataloguées au moyen des mots correspondants).

gent de la pagination des images, des sons, odeurs, etc., et l'écorce cérébrale se charge de la pagination des mots (et de tous les mouvements musculaires). Tout dictionnaire imprimé n'est qu'une projection sur papier d'un travail analogue et volontaire préparé dans la tête des savants qui le confectionnent. Pour les dessins, odeurs, saveurs, etc., c'est la nature qui les grave en nous, avec le concours de notre attention volontaire.

Quant au mécanisme même qui préside au classement méthodique des sensations, il se fait au moyen des mots, véritables étiquettes que Fournié appelle très justement des *sensations-signes* correspondant plus ou moins volontairement à chacune de nos autres sensations internes ou externes, et les désignant, les rappelant, les associant, etc., etc.

La physiologie et la psychologie ne se correspondent pas plus dans leurs opérations que les aiguilles d'une horloge ne confondent leurs mouvements spéciaux avec les rouages cachés qui les font mouvoir. Dans notre horloge encéphalique, les mots, fonction de l'écorce, jouent le rôle des aiguilles, les appareils inducteur et multiplicateur les font mouvoir, et le cervelet joue le rôle du balancier. Enfin le ressort principal est le sang et la digestion.

FIN

TABLE DES MATIÈRES

Pau, Imprimerie-Stéréotypie Garet. — J. Empérauger, imprimeur.

REPRODUCTION INTERDITE

TABLEAU No 3.

PRIX : 0 fr. 50.

Classification des formes de l'Aliénation mentale.

Left margin (vertical): *Tous les aliénés sont exposés à des crises d'exacerbation pendant lesquelles les symptômes propre à chaque variété et à chaque individu, deviennent manifestes et faciles à étudier. Au contraire, dans l'intervalle de ces crises, les aliénés ressemblent ou peuvent ressembler à des gens très raisonnables.*

Right margin (vertical): *Les aliénés, ne pouvant plus régler leurs désirs et leurs aversions, arrivent tous à être capables de commettre des actes déraisonnables en rapport avec leurs conceptions délirantes ou leur impuissance mentale.*

ÉTAT DES FACULTÉS

NOMENCLATURE des formes génériques seulement, sans les variétés que chaque spécialiste peut ajouter.	INTELLIGENCE		SENSIBILITÉ MORALE OU ÉMOTIVE État des sentiments.	VOLONTÉ Détermination involontaire et volontaire.
	FACULTÉS PASSIVES Perception, mémoire, imagination physique.	FACULTÉS ACTIVES Langage articulé.		

1re CLASSE — Folies par exaltation des penchants et des instincts.

MANIE GÉNÉRALE..........	Exaltation et incohérence des idées.	Suspension du pouvoir coordonnateur des mots.	Exaltation et expansion des sentiments;	Désirs et aversions ardents, avoués volontiers.
MANIE PARTIELLE..........	Exaltation bornée aux idées fixes, systématisées.	Ventardises à tout propos.	Gaieté habituelle ou colères expansives.	Exubérance tapageuse ; tendance à briser, frapper, déchirer, etc., etc.

Chez tous ces malades, le délire de l'intelligence domine l'émotivité et la volonté.

2me CLASSE — Folies par dépression des penchants et des instincts.

LYPÉMANIE GÉNÉRALE....	Dépression de toutes les facultés passives.	Incohérence, mélangée de mutisme.	Dépression gémissante, anxieuse et concentration des sentiments.	Désirs et aversions déprimés, avoués à regret. Tendance au suicide; refus de soins et de nourriture.
LYPÉMANIE PARTIELLE....	Délire actif et systématisé; idées de persécution.	Cohérences et plaintes définies.	Mélancolie habituelle.	

Chez tous ces malades, le délire des sentiments (émotivité) domine l'intelligence et la volonté.

3me CLASSE — Folies par perversion des penchants et des instincts.

PERVERSION GÉNÉRALE...	Lucidité apparente, mais non réelle ; idées variables et sans liaison.	Phraséologie vague et obscure.	Sentiments pervertis ; calme apparent et trompeur.	Désirs et aversions pervertis. Impulsions irrésistibles, cachées avec soin avant l'acte, avouées cyniquement après.
PERVERSION PARTIELLE...	Dissimulation du délire.	Mensonges cohérents, invraisemblables.		

Chez tous ces malades, le délire des actes domine l'intelligence et l'émotivité. Ils deviennent plus facilement criminels que ceux des autres classes, et leurs crimes sont parfois très difficiles à distinguer de ceux prévus et punis par les lois humaines.

4me CLASSE — Folies par abolition des penchants et des instincts.

DÉMENCE GÉNÉRALE......	Insuffisance mentale et, à la fin, disparition des facultés.	Articulation des mots, incohérente et troublée ; tremblements.	Sentiments presque nuls, puis état d'enfance.	Absence de désirs et d'aversions. Actions machinales.
DÉMENCE PARTIELLE......	Idées fixes, sans cohésion.	Lambeaux de phrases à peine compréhensibles.		

Les déments d'emblée n'ont pas de délire saillant. Il en est tout autrement des déments chroniques, surtout dans les paralysies générales. Mais, en définitive, tous les délires de la démence aboutissent progressivement à l'abolition des facultés et des instincts.

5me CLASSE — Folies par mélange des formes précédentes, ou folies mixtes.

Cette classe comprend tous les aliénés qu'on ne peut ranger dans les catégories ci-dessus. On y fera donc rentrer facilement la folie circulaire, la folie à double forme, et tous les cas dont la marche est anormale soit d'emblée, soit consécutivement à l'une des formes comprises dans les classes précédentes. Chez tous ces malades, le délire est un véritable Protée ; le malade ne se ressemble plus à lui-même d'un jour à l'autre, et ses symptômes ne se prêtent à aucune description méthodique. Il y a parmi eux beaucoup d'héréditaires et d'alcooliques. Quant à leurs penchants et instincts, les uns sont exaltés, les autres déprimés ou pervertis. Tout est variable comme leurs conceptions et leur langage.

Pau, imp. Garet. - J. Empéranger, imp.

REMARQUES ET CONSIDÉRATIONS DIVERSES

Une classification ne remplace pas un traité d'aliénation mentale. L'essentiel est que chaque variété soit facile à reconnaître, classer et développer par les spécialistes. — La division, d'après l'état des penchants et instincts, est assez claire pour se passer d'explications. Je ferai seulement observer que « dépression » n'est pas synonyme de diminution, mais seulement d'arrêt, de compression volontaire ou involontaire des penchants et instincts. — Quant à la différence distinctive des délires généraux et particls, elle repose sur ce fait d'observation courante (Delasiauve), que les délires généraux sont caractérisés par l'incohérence des conceptions et du langage, tandis que les délires particls sont caractérisés par des conceptions systématisées et par la conservation du pouvoir syllogistique, ou cohérence des paroles. C'est donc la perte ou la conservation du pouvoir coordonnateur qui différencie les deux grands genres de délires qui se retrouvent dans les cinq classes d'aliénation mentale.

S'appuyant sur ce qui précède, les spécialistes rattacheront facilement toutes les monomanies à la manie particlle ; la stupeur mélancolique, à la lypémanie générale ; le délire de persécution, à la lypémanie particlle ; l'impulsion irrésistible au meurtre, aux vols, au viol, à l'incendie, etc., à la perversion particlle, à moins que toutes ces impulsions n'existent chez le même individu (perversion générale) ; la démence sénile et les paralysies générales, aux démences générales, etc., etc.

En un mot, chaque spécialiste pourra faire rentrer toutes les variétés de folie dans une des *classes* et dans un des *genres* de ce tableau.

*
* *

Ma classification des vésanies date de Décembre 1872 ; mais je n'ai pas voulu la publier avant d'avoir trouvé la clef de la physiologie nerveuse. Mes confrères y retrouveront facilement les principales idées d'Esquirol, Delasiauve, Marcé et A. Foville, fondues ensemble par mes recherches personnelles sur les penchants et les instincts des aliénés.

Les maladies mentales peuvent se compliquer de toutes les névroses, de toutes les névralgies, de toutes les paralysies, et réciproquement. Elles affectent alors des formes spéciales comme la paralysie générale, la folie épileptique, hystérique, etc. Mais ma classification est assez élastique pour y faire rentrer *tous les cas de folie, sans exception*. Enfin, elles peuvent survenir à la suite de tous les délires aigus et subaigus qui ne se terminent pas par résolution. Elles sont idiopathiques ou sympathiques de maladies latentes, etc.

Toutes les folies chroniques peuvent aboutir à la démence générale ou partielle. Cela revient à dire que les lésions, à peine appréciables dans beaucoup de folies à leur début, finissent par devenir *visibles, même à l'œil nu* ; aussi les déments meurent presque tous de marasme ou présentent très peu de résistance aux maladies intercurrentes.

*
* *

L'idiotie même et tous les états congénitaux gagneraient à être divisés d'après l'état des penchants et instincts, et suivant la classification de Bichat. Aussi, dans une 1re classe, je rangerais tous les cas congénitaux où les penchants et les instincts *de la vie de relation* laissent à désirer : ex. les excentriques, les faibles d'esprit, etc. Dans une 2me classe, ceux qui, outre les désordres précédents, présentent des anomalies de *l'instinct de reproduction* et l'absence, ou des aberrations d'amour maternel ou paternel ; presque tous les cas d'imbécillité pourraient y rentrer. Dans une 3me classe, ceux qui, en plus de tout ce qui précède, ont des anomalies dans *les instincts de la vie végétative*. Les idiots et les crétins, avec leurs subdivisions, pourraient trouver place dans ma 3me classe, à l'exception des cas susceptibles d'être rangés dans les deux précédentes.

4° Enfin, dans une dernière catégorie, je rangerais tous les monstres, tous ces paquets de chair humaine qui meurent en naissant ou peu de temps après la naissance, *sans instincts et même sans circulation normale du sang et de l'innervation*.

En ajoutant à *tout ce qui précède* les neurasthéniques, les névropathes et tous les délires des maladies aiguës, on aurait un tableau complet des désordres nerveux graves ou légers, où l'hérédité ne serait pas oubliée puisqu'on peut la retrouver dans toutes les formes, principalement les formes frustes ; dans toutes les complications (névroses et paralysies) ; dans toutes les variétés de folies sympathiques, et surtout dans toutes les impuissances congénitales, nerveuses ou autres.

Docteur VÉDIE.

PAU, 22 Septembre 1899.

DÉPOT : CHEZ M. MALOINE, RUE ÉCOLE DE MÉDECINE — PARIS
Et chez les principaux Libraires de PAU (Basses-Pyrénées).

ON TROUVE DANS LES MÊMES LIBRAIRIES, DU MÊME AUTEUR :

Une Lettre à l'Institut, 1 fr. 25. — Tableaux n° 1 et 2 de la Circulation nerveuse, 0 fr. 50 chaque.
Description sommaire du Mécanisme physiologique au Service de l'Ame humaine, 1 fr.

ale ou partielle. Cela revient à dire
début, finissent par devenir *visibles*,
arasme ou présentent très peu de

divisés d'après l'état des penchants
1re classe, je rangerais tous les cas
ssent à désirer : ex. les excentriques,
ésordres précédents, présentent des
ns d'amour maternel ou paternel ;
c classe, ceux qui, en plus de tout
ative. Les idiots et les crétins, avec
exception des cas susceptibles d'être

nstres, tous ces paquets de chair
ance, *sans instincts et même sans*

vropathes et tous les délires des
ux graves ou légers, où l'hérédité
formes, principalement les formes
es les variétés de folies sympathiques,
autres.

Docteur VÉDIE.

: MÉDECINE — PARIS
de **PAU** (Basses-Pyrénées).

IÈME AUTEUR :

lation nerveuse, **0** fr. **50** chaque.
e de l'Ame humaine, **1** fr.

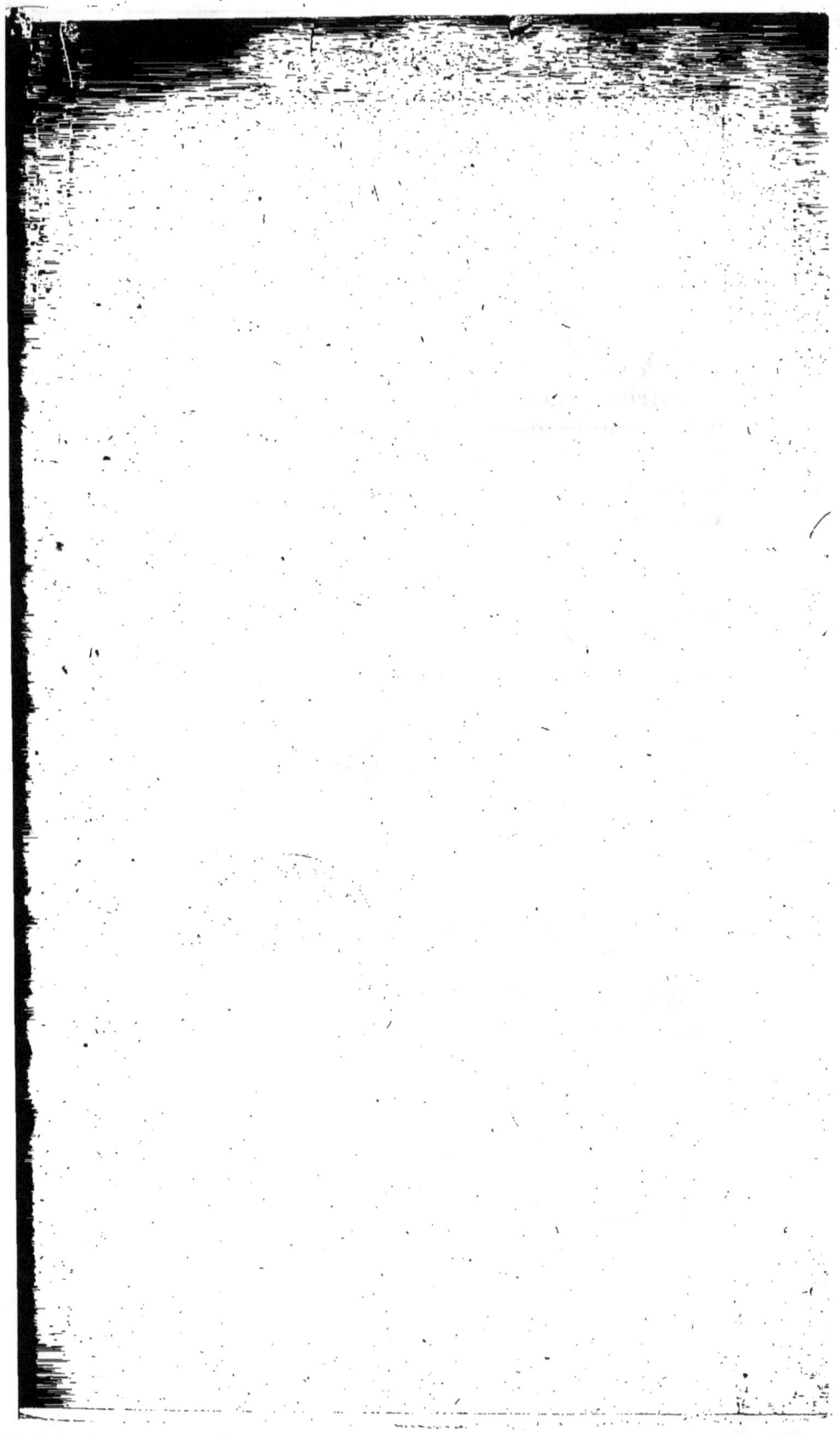

DÉPOT A PARIS :

Librairie MALOINE, rue École de Médecine, 21, 23, 25,

Et chez les principaux Libraires de Pau (B.-P.).

Du même Auteur, chez Maloine :

UNE LETTRE A L'INSTITUT............... $1^t,25$

TABLEAUX (n°s 1 et 2) DE LA CIRCULATION

NERVEUSE......................... $0^t,50$ chaq.

TABLEAU N° 3 CLASSANT LES VÉSANIES... $0^t,50$

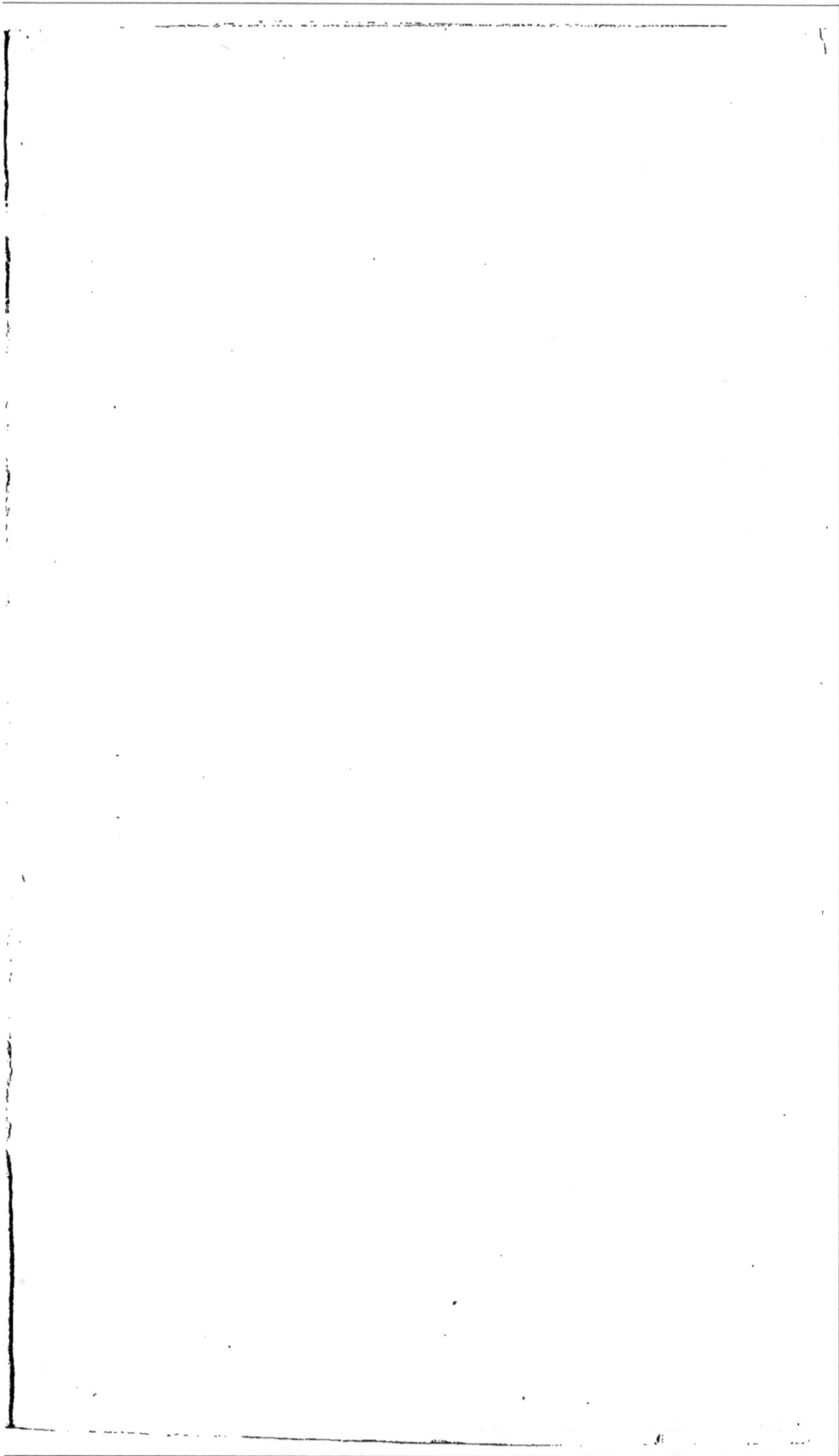

BIBLIOTHEQUE NATIONALE DE FRANCE

3 7531 03086887 2

www.ingramcontent.com/pod-product-compliance
Lightning Source LLC
Chambersburg PA
CBHW070737210326
41520CB00016B/4486